Rajni Gautam

Nanosensores

Rajni Gautam

Nanosensores

Explorando a fronteira da tecnologia de deteção miniaturizada

ScienciaScripts

Imprint
Any brand names and product names mentioned in this book are subject to trademark, brand or patent protection and are trademarks or registered trademarks of their respective holders. The use of brand names, product names, common names, trade names, product descriptions etc. even without a particular marking in this work is in no way to be construed to mean that such names may be regarded as unrestricted in respect of trademark and brand protection legislation and could thus be used by anyone.

Cover image: www.ingimage.com

This book is a translation from the original published under ISBN 978-620-7-47253-6.

Publisher:
Sciencia Scripts
is a trademark of
Dodo Books Indian Ocean Ltd. and OmniScriptum S.R.L publishing group

120 High Road, East Finchley, London, N2 9ED, United Kingdom
Str. Armeneasca 28/1, office 1, Chisinau MD-2012, Republic of Moldova, Europe
Printed at: see last page
ISBN: 978-620-8-15164-5

Nanosensores: Explorando a fronteira da tecnologia de deteção miniaturizada

Por Rajni Gautam

Prefácio

Bem-vindo a "Nanosensores: Explorando a Fronteira da Tecnologia de Sensores Miniaturizados". Nesta viagem concisa mas abrangente, navegamos no reino microscópico onde convergem a nanociência, a engenharia de materiais e a tecnologia de sensores. Dos princípios fundamentais às aplicações no mundo real, este livro revela o potencial transformador dos nanosensores. Quer seja um profissional experiente ou um entusiasta curioso, junte-se a mim para desvendar as maravilhas em miniatura que estão a remodelar a nossa paisagem tecnológica. Boa leitura!

Índice

Capítulo 1: Introdução aos nanossensores

1.1 Definição de nanossensores

Os nanossensores constituem uma categoria inovadora de dispositivos de deteção que funcionam à escala nanométrica, onde as propriedades e os fenómenos físicos distintos assumem uma posição de destaque. Funcionando na gama extremamente pequena de 1 a 100 nanómetros, estes nanosensores apresentam uma sensibilidade elevada, proporcionando um nível de precisão sem precedentes na deteção e resposta a vários estímulos. Desvendar os princípios fundamentais subjacentes aos nanosensores exige um mergulho profundo na física dos nanomateriais, nos efeitos quânticos e nos diversos mecanismos utilizados para a transdução de sinais.

À escala nanométrica, os materiais apresentam caraterísticas únicas e muitas vezes inéditas devido a efeitos quânticos e a propriedades dominadas pela superfície. Os nanosensores tiram partido destas caraterísticas para oferecer um nível de sensibilidade que ultrapassa os dispositivos de deteção tradicionais. A gama de dimensões dos nanossensores permite-lhes interagir com moléculas individuais, possibilitando uma deteção altamente específica e precisa. Esta sensibilidade acrescida resulta dos efeitos quânticos que se tornam pronunciados à nanoescala, influenciando o comportamento dos electrões e de outras partículas nos nanomateriais.

A excecional relação superfície/volume dos nanosensores é uma caraterística que os distingue. Com uma maior área de superfície em relação ao seu volume, os nanosensores possuem uma maior capacidade de reatividade. Este atributo aumenta a sua capacidade de interação com as substâncias-alvo, facilitando uma deteção rápida e precisa. A intrincada interação entre os nanomateriais e o ambiente circundante torna-se um aspeto crucial da sua funcionalidade.

Além disso, os nanosensores apresentam uma notável capacidade de interação com entidades biológicas, acrescentando uma dimensão de versatilidade às suas aplicações. Esta caraterística torna-os inestimáveis em aplicações de cuidados de saúde, em que a deteção de biomoléculas ou agentes patogénicos específicos a nível molecular é fundamental. Os nanosensores podem ser adaptados para reconhecer e responder a marcadores biológicos, oferecendo capacidades de diagnóstico com uma sensibilidade sem precedentes.

Em termos de transdução de sinais, os nanosensores utilizam vários mecanismos para converter os sinais detectados em respostas mensuráveis. Isto pode envolver alterações na condutividade eléctrica, nas propriedades ópticas ou noutros parâmetros físicos. Os efeitos quânticos, como o fenómeno de tunelamento quântico, podem desempenhar um papel nestes mecanismos de transdução, contribuindo para a natureza única e precisa das respostas dos nanosensores.

As aplicações dos nanosensores abrangem um vasto espetro, englobando domínios como os cuidados de saúde, a monitorização ambiental e outros. Nos cuidados de saúde, os nanosensores são promissores na deteção precoce de doenças, na medicina personalizada e na administração de medicamentos. A monitorização ambiental beneficia da sua capacidade para detetar quantidades vestigiais de poluentes e monitorizar alterações no ambiente com uma sensibilidade sem paralelo.

1.2 Evolução da tecnologia de deteção

A evolução da tecnologia de deteção é uma viagem cativante que tem assistido a transformações notáveis, culminando no aparecimento dos nanosensores. As raízes da deteção remontam a tempos antigos, quando os nossos antepassados confiavam nos seus sentidos para perceber o mundo. Ao longo dos séculos, os avanços tecnológicos impulsionaram a deteção para uma nova era, marcada por invenções e descobertas engenhosas.

O início do século XX assistiu ao aparecimento de sensores electrónicos, como o termopar e a fotocélula, marcando uma mudança fundamental para mecanismos de deteção mais precisos e automatizados. Em meados do século XX, registaram-se desenvolvimentos significativos com a invenção do transístor, lançando as bases da indústria de semicondutores. Esta era assistiu ao nascimento dos sistemas microelectromecânicos (MEMS), introduzindo sensores miniaturizados que abriram caminho para uma maior portabilidade e integração em vários dispositivos.

A progressão continuou à medida que os cientistas exploravam a nanotecnologia, aprofundando a manipulação de materiais à nanoescala. Esta exploração levou à concetualização e ao desenvolvimento de nanosensores, em que as propriedades únicas dos nanomateriais podiam ser aproveitadas para capacidades de deteção sem precedentes. A utilização de pontos quânticos, nanotubos de carbono e outros nanomateriais marcou uma mudança de paradigma, permitindo que os sensores funcionassem a níveis de sensibilidade e precisão anteriormente inimagináveis.

Nas últimas décadas, os nanosensores evoluíram para ferramentas sofisticadas com aplicações que abrangem os cuidados de saúde, a monitorização ambiental e muito mais. A fusão da nanotecnologia com a conceção de sensores abriu portas a plataformas de deteção à nanoescala, oferecendo vantagens sem paralelo em termos de sensibilidade, seletividade e capacidade de resposta.

Esta trajetória histórica ilumina a trajetória da tecnologia de deteção, desde as suas origens rudimentares até ao domínio de ponta dos nanosensores. A procura contínua de inovação não só refinou a nossa compreensão do mundo, como também nos equipou com ferramentas transformadoras que estão a moldar o futuro da deteção de formas anteriormente inimagináveis.

1.3 Aplicações em todos os sectores

As aplicações dos nanosensores atravessam um espetro diversificado de indústrias, revolucionando a forma como percebemos e interagimos com o mundo. As propriedades únicas dos nanosensores, que funcionam à nanoescala, oferecem uma precisão e sensibilidade sem precedentes, tornando-os indispensáveis em vários domínios. Vamos explorar a vasta gama de indústrias que beneficiam das aplicações dos nanosensores:

Cuidados de saúde:

Diagnóstico e imagiologia: Os nanossensores desempenham um papel crucial na deteção precoce de doenças através de ferramentas de diagnóstico altamente sensíveis. Melhoram as técnicas de imagiologia médica, proporcionando uma visão pormenorizada dos níveis celular e molecular.

Administração de medicamentos: Os nanosensores permitem sistemas de administração de medicamentos direcionados, garantindo uma administração precisa e reduzindo os efeitos secundários. Esta aplicação é fundamental na medicina personalizada.

Monitorização ambiental:

Qualidade do ar e da água: Os nanosensores contribuem para a monitorização em tempo real de poluentes, facilitando a avaliação da qualidade do ar e da água. A sua elevada sensibilidade permite a deteção de concentrações mínimas de contaminantes.

Agricultura inteligente: Os nanossensores são utilizados na agricultura para monitorização do solo, deteção de nutrientes e gestão de pragas. Isto aumenta o rendimento das colheitas e promove práticas agrícolas sustentáveis.

Eletrónica e Tecnologias da Informação:

Dispositivos portáteis: Os nanossensores estão integrados em tecnologias vestíveis, fornecendo monitorização da saúde em tempo real e dados personalizados aos utilizadores.

Internet das Coisas (IoT): Os nanosensores desempenham um papel fundamental na criação de sistemas IoT interligados, oferecendo uma maior eficiência e capacidade de resposta em casas, cidades e indústrias inteligentes.

Fabrico e controlo de qualidade:

Garantia de qualidade: Os nanossensores contribuem para o controlo da qualidade nos processos de fabrico, detectando defeitos, garantindo a precisão e optimizando a eficiência da produção.

Monitorização da segurança: Os nanosensores são utilizados para monitorizar ambientes de trabalho, garantindo a segurança dos trabalhadores através da deteção de substâncias e condições perigosas.

Energia:

Energias renováveis: Os nanosensores ajudam a otimizar o desempenho das células solares e contribuem para o desenvolvimento de sistemas avançados de armazenamento de energia.

Indústria do petróleo e do gás: Os nanossensores são utilizados para monitorizar condutas, garantir a integridade das infra-estruturas e detetar fugas na indústria do petróleo e do gás.

Biotecnologia e investigação:

Biossensorização: Os nanossensores são amplamente utilizados em aplicações de biossensores, permitindo a deteção de biomoléculas específicas com elevada sensibilidade. Este facto tem um valor inestimável na investigação e diagnóstico médicos.

Descoberta de medicamentos: Os nanossensores contribuem para o desenvolvimento de novos produtos farmacêuticos, fornecendo dados em tempo real sobre as respostas celulares aos compostos medicamentosos.

As aplicações dos nanosensores continuam a expandir-se, impulsionadas pelos avanços contínuos na nanotecnologia e na conceção de sensores. Esta exploração em todos os sectores sublinha o impacto transformador dos nanosensores, oferecendo soluções inovadoras para enfrentar desafios complexos e dando início a uma nova era de precisão e eficiência.

Capítulo 2: Física e materiais à nanoescala

2.1 Efeitos quânticos

Q s efeitos quânticos desempenham um papel fundamental na modelação do comportamento dos nanosensores, introduzindo fenómenos únicos que os distinguem dos seus homólogos macroscópicos. À medida que mergulhamos no reino da nanoescala, os princípios da mecânica quântica vêm à tona, revelando uma tapeçaria de efeitos intrigantes que influenciam profundamente o comportamento do sensor.

2.1.1 Tunelamento quântico:

O tunelamento quântico é um fenómeno fascinante e contra-intuitivo que ocorre no domínio da mecânica quântica. Refere-se ao processo pelo qual as partículas podem atravessar uma barreira que, de acordo com a física clássica, não deveriam ser capazes de ultrapassar. O tunelamento quântico desempenha um papel crucial em vários fenómenos naturais e tem aplicações práticas em áreas como a eletrónica e a fusão nuclear. Aqui está uma exploração do conceito de tunelamento quântico:

Princípio de base:

Dualidade onda-partícula: O tunelamento quântico resulta da dualidade onda-partícula das partículas quânticas, como os electrões. Embora as partículas sejam frequentemente tratadas como entidades localizadas, também exibem propriedades ondulatórias, o que lhes permite espalharem-se no espaço.

Penetração de Barreiras: No tunelamento quântico, uma partícula encontra uma barreira de energia potencial que, de acordo com a física clássica, não tem energia para ultrapassar. No entanto, devido à sua natureza ondulatória, existe uma probabilidade de a partícula conseguir fazer um "túnel" através da barreira e aparecer do outro lado.

Tunelamento quântico na natureza:

Fusão nuclear em estrelas: O tunelamento quântico é um processo fundamental na nucleossíntese estelar. Os protões nas estrelas, que enfrentam uma barreira de Coulomb devido à sua carga positiva, sofrem tunelamento para iniciar reacções de fusão nuclear, como a cadeia protão-protão, contribuindo para a produção de energia nas estrelas.

Decaimento radioativo: O tunelamento quântico está envolvido no fenómeno do decaimento radioativo. Núcleos atómicos instáveis, confrontados com uma barreira de energia potencial, podem sofrer tunelamento para libertar partículas e fazer a transição para um estado mais estável.

Aplicações em eletrónica:

Díodos de tunelamento quântico: Na eletrónica, o tunelamento quântico é utilizado em dispositivos como os díodos de tunelamento. Estes díodos exploram o fenómeno de tunelamento de electrões através de uma fina barreira isolante, permitindo a criação de componentes electrónicos de comutação extremamente rápida.

Memória Flash: O tunelamento quântico é um mecanismo crucial na tecnologia de memória flash. Nas camadas de óxido de túnel, os electrões podem atravessar a barreira, facilitando a escrita e o apagamento de dados em dispositivos de memória não volátil.

Microscopia de túnel de varrimento (STM):

Imagiologia de superfícies: Na nanotecnologia, a microscopia de tunelamento de varrimento (STM) utiliza o tunelamento quântico para obter imagens de alta resolução de superfícies a nível atómico e molecular. Uma ponta metálica afiada paira sobre uma amostra e a corrente devida aos electrões em túnel fornece informações sobre a topografia da superfície.

Manipulação de átomos: A STM também permite a manipulação de átomos individuais. Controlando com precisão a posição da ponta e aproveitando as correntes de tunelamento, os cientistas podem mover e posicionar átomos individuais numa superfície.

Tunelamento quântico em química:

Reacções químicas: O tunelamento quântico pode influenciar as reacções químicas, permitindo que as partículas ultrapassem barreiras energéticas que poderiam parecer intransponíveis na física clássica. Este fenómeno é particularmente relevante para a compreensão e previsão das taxas de reação em processos químicos.

Reacções enzimáticas: O tunelamento quântico está envolvido em certas reacções enzimáticas em que os protões atravessam barreiras de energia potencial, contribuindo para a eficiência dos processos bioquímicos nos organismos vivos.

Tunelamento quântico em supercondutores:

Efeito Josephson: O tunelamento quântico é parte integrante do efeito Josephson observado nos supercondutores. Os pares de electrões Cooper podem atravessar uma fina barreira isolante, dando origem à corrente de Josephson, que tem aplicações em dispositivos supercondutores, como a computação quântica.

Tunelamento Quântico em Semicondutores:

Transístores de tunelamento quântico: O tunelamento quântico é explorado no desenvolvimento de transístores de efeito de campo de túnel (TFET). Os TFET tiram partido da tunelização quântica para obter um menor consumo de energia e um melhor desempenho em comparação com os transístores tradicionais.

Tunelamento quântico e computação quântica:

Qubits: O tunelamento quântico faz parte do intrincado comportamento dos qubits na computação quântica. Influencia as amplitudes de probabilidade associadas aos estados quânticos das partículas, contribuindo para o poder computacional único dos computadores quânticos.

2.1.2 Quantização do tamanho:

A quantização de tamanhos é um fenómeno da mecânica quântica que ocorre quando as dimensões físicas de um sistema se tornam comparáveis ao comprimento de onda de de Broglie das partículas desse sistema. Este fenómeno conduz a níveis de energia quantizados ou discretos, que podem ter efeitos significativos nas propriedades electrónicas e ópticas dos materiais. A quantização do tamanho é particularmente relevante em sistemas à nanoescala, onde o confinamento das partículas nas três dimensões se torna comparável ao seu comprimento de onda. Aqui está uma exploração da quantização do tamanho e das suas implicações:

Confinamento Quântico:

Comprimento de onda de De Broglie: De acordo com o comprimento de onda de de Broglie, as partículas, como os electrões, exibem um comportamento tanto de partícula como de onda. O comprimento de onda é inversamente proporcional ao momento das partículas.

Efeitos de confinamento: Quando as dimensões de um material são da ordem do comprimento de onda de Broglie das partículas que o constituem, os efeitos de confinamento quântico tornam-se significativos. Isto é particularmente relevante nos nanomateriais, onde os electrões ou outras partículas estão confinados nas três dimensões espaciais.

Níveis de energia em pontos quânticos:

Pontos Quânticos: Os pontos quânticos são partículas semicondutoras à escala nanométrica que apresentam efeitos de quantização do tamanho. Nos pontos quânticos, os níveis de energia eletrónica tornam-se quantizados devido ao confinamento dos electrões nas três dimensões.

Bandgap de energia: À medida que o tamanho do ponto quântico diminui, os níveis de energia tornam-se discretos, conduzindo a um intervalo de energia quantizado. Isto tem implicações para as propriedades ópticas e electrónicas dos pontos quânticos.

Poços e fios quânticos:

Poços Quânticos: Nos poços quânticos, o confinamento ocorre numa dimensão. Isto é frequentemente conseguido através da colocação de uma camada fina de um material diferente entre duas camadas de um material diferente. A quantização resultante dos níveis de energia afecta as propriedades electrónicas.

Fios Quânticos: Os fios quânticos envolvem o confinamento em duas dimensões. São frequentemente criados através da utilização de nanofios finos ou outras estruturas geométricas que restringem o movimento dos electrões em duas dimensões.

Engenharia de Bandgap:

Propriedades de adaptação: A quantização do tamanho permite a engenharia de bandgaps em materiais. Ao controlar o tamanho e a forma dos nanomateriais, os investigadores podem adaptar as propriedades electrónicas e ópticas para aplicações específicas, como em dispositivos semicondutores.

Sintonização: A quantização dos níveis de energia permite a afinação das propriedades dos materiais. Por exemplo, o comprimento de onda de emissão dos pontos quânticos pode ser ajustado através da variação do seu tamanho, permitindo aplicações em optoelectrónica e ecrãs.

Efeito Hall Quântico:

Sistemas de electrões 2D: Em sistemas bidimensionais de electrões sujeitos a fortes campos magnéticos, o efeito Hall quântico manifesta-se como resistência Hall quantizada. Isto é uma consequência da quantização dos estados electrónicos na presença de campos magnéticos e de confinamento quântico.

Propriedades ópticas dependentes do tamanho:

Sintonização de cores: Em materiais à nanoescala, como os pontos quânticos, a quantização do tamanho influencia as propriedades ópticas. Os níveis de energia associados às transições electrónicas tornam-se quantizados, conduzindo a cores dependentes do tamanho nos espectros de emissão ou absorção.

Luminescência melhorada: A quantização do tamanho pode aumentar a luminescência em nanomateriais. Os pontos quânticos, por exemplo, apresentam uma luminescência brilhante e sintonizável devido à quantização dos níveis de energia induzida pelo confinamento.

2.1.3 Pontos Quânticos:

Os pontos quânticos são partículas semicondutoras à escala nanométrica que apresentam propriedades mecânicas quânticas únicas, nomeadamente efeitos de quantização do tamanho. Estes nanocristais, muitas vezes compostos por materiais como o seleneto de cádmio (CdSe) ou o arsenieto de índio (InAs), ganharam uma atenção significativa em várias aplicações científicas e tecnológicas devido às suas propriedades electrónicas e ópticas sintonizáveis. Aqui está uma exploração dos pontos quânticos e das suas diversas aplicações:

Quantização do tamanho:

Confinamento quântico: Os pontos quânticos são suficientemente pequenos para exibirem efeitos de confinamento quântico, em que as dimensões das partículas se tornam comparáveis ao comprimento de onda de Broglie dos electrões. Isto resulta em níveis de energia discretos e quantizados.

Bandgap de energia: O intervalo de energia nos pontos quânticos depende do tamanho. À medida que o tamanho diminui, os níveis de energia tornam-se mais discretos, conduzindo a propriedades electrónicas e ópticas sintonizáveis.

Propriedades ópticas:

Fluorescência e Luminescência: Os pontos quânticos são conhecidos pela sua fluorescência forte e sintonizável. A cor da luz emitida pode ser controlada com precisão através do ajuste do tamanho dos pontos quânticos, tornando-os adequados para aplicações em ecrãs, iluminação e imagiologia biológica.

Amplo espetro de absorção: Os pontos quânticos têm um amplo espetro de absorção, o que lhes permite absorver a luz numa vasta gama de comprimentos de onda. Esta propriedade torna-os versáteis para utilização em células solares e fotodetectores.

Aplicações biológicas e médicas:

Bioimagem: Os pontos quânticos são utilizados como agentes de contraste na bioimagem devido à sua fluorescência brilhante e estável. Oferecem vantagens sobre os corantes orgânicos tradicionais, incluindo tempos de vida mais longos e resistência à fotodegradação.

Administração de medicamentos: Os pontos quânticos podem ser funcionalizados para a administração de medicamentos em sistemas biológicos. As suas propriedades únicas permitem a monitorização em tempo real da libertação e absorção de fármacos, aumentando a precisão das intervenções terapêuticas.

Tecnologias de visualização:

Ecrãs de pontos quânticos: Os pontos quânticos são utilizados em tecnologias de ecrã, tais como ecrãs de pontos quânticos ou televisores QLED (quantum dot LED). Ao incorporar pontos quânticos como conversores de cor, estes ecrãs obtêm uma gama de cores mais ampla, melhor brilho e maior eficiência energética em comparação com as tecnologias tradicionais.

Dispositivos electroluminescentes: Os pontos quânticos podem ser integrados em dispositivos electroluminescentes, incluindo díodos emissores de luz (LED), para melhorar a pureza e a eficiência da cor.

Fotovoltaica:

Células solares: Os pontos quânticos são investigados para utilização em células solares devido ao seu intervalo de banda dependente do tamanho e ao seu amplo espetro de absorção. Podem ser projectados para absorver a luz solar de forma eficiente, o que os torna potenciais candidatos para as tecnologias fotovoltaicas da próxima geração.

Deteção e deteção:

Sensores químicos: Os pontos quânticos podem servir como sondas sensíveis em aplicações de deteção química. As alterações nas suas propriedades de fluorescência podem ser utilizadas para detetar a presença de analitos específicos, oferecendo potenciais aplicações na monitorização e diagnóstico ambientais.

Biossensores: Os pontos quânticos são utilizados em aplicações de biossensores, onde actuam como marcadores luminescentes para a deteção de biomoléculas. O seu brilho e estabilidade tornam-nos ferramentas valiosas para o estudo de processos biológicos a nível molecular.

Computação quântica:

Processamento de informação quântica: Os pontos quânticos estão a ser explorados como qubits, as unidades básicas de informação quântica na computação quântica. Os níveis de energia discretos e a coerência quântica dos pontos quânticos tornam-nos potenciais candidatos à construção de processadores quânticos escaláveis e eficientes.

2.1.4 Emaranhamento:

O emaranhamento é um fenómeno da mecânica quântica em que duas ou mais partículas ficam interligadas de tal forma que o estado de uma partícula está diretamente relacionado com o estado de outra, independentemente da distância entre elas. Este fenómeno é um aspeto fundamental da teoria quântica e conduz a correlações intrigantes e não clássicas entre partículas. Aqui está uma exploração do emaranhamento e das suas principais caraterísticas;

Superposição quântica e medição:

Superposição: As partículas quânticas, como os electrões ou os fotões, podem existir em múltiplos estados simultaneamente. Este facto é conhecido como sobreposição. Por exemplo, um eletrão pode existir numa sobreposição de estados de spin-up e spin-down.

Medição: Quando é efectuada uma medição num sistema quântico em sobreposição, este "colapsa" para um dos estados possíveis. O resultado da medição é probabilístico e o ato de medição influencia o estado do sistema.

Estados emaranhados:

Criação de emaranhamento: Em certos sistemas quânticos, as partículas podem ficar emaranhadas, o que significa que os seus estados estão intrinsecamente ligados. A criação de emaranhamento ocorre frequentemente durante interações que geram pares de partículas emaranhadas.

Estados emaranhados: Uma vez emaranhadas, o estado de uma partícula não pode ser descrito independentemente do estado da(s) outra(s). As partículas emaranhadas são descritas por um estado conjunto ou emaranhado, e as mudanças no estado de uma partícula afectam instantaneamente o estado das outras.

O teorema de Bell e a não-localidade:

Desigualdade de Bell: O físico John Bell formulou desigualdades para testar as previsões da física clássica contra as da mecânica quântica. As experiências que testaram as desigualdades de Bell mostraram consistentemente resultados que se alinham com as previsões quânticas, sugerindo a existência de correlações não-locais.

Não-localidade: O emaranhamento é muitas vezes referido como não-local porque as correlações entre partículas emaranhadas parecem ocorrer instantaneamente, violando as restrições da transmissão clássica de informação à velocidade da luz ou abaixo dela.

Paradoxo EPR:

Paradoxo de Einstein-Podolsky-Rosen: Em 1935, Albert Einstein, Boris Podolsky e Nathan Rosen introduziram uma experiência de pensamento que evidenciava o que consideravam ser um paradoxo na mecânica quântica. Questionaram a integridade e a localidade da teoria quântica, pondo em causa a ideia de que os estados quânticos fornecem uma descrição completa da realidade física.

Mecânica Quântica e Realismo: O paradoxo EPR sublinhou a tensão entre as previsões da mecânica quântica e os conceitos clássicos de realismo e localidade.

Emaranhamento quântico e informação:

Teoria da Informação Quântica: O emaranhamento desempenha um papel crucial na teoria da informação quântica, que explora a utilização de sistemas quânticos para o processamento de informação. Os estados emaranhados são utilizados na criptografia quântica, no teletransporte quântico e na computação quântica.

Teletransporte quântico: O emaranhamento quântico permite a transmissão de informação quântica a longas distâncias através de um processo chamado teletransporte quântico. Apesar do termo, a matéria real não é teletransportada; em vez disso, o estado quântico de uma partícula é transferido para outra partícula emaranhada.

Aplicações e tecnologias quânticas:

Distribuição de chaves quânticas (QKD): O entrelaçamento é utilizado em protocolos de distribuição de chaves quânticas para uma comunicação segura. A QKD baseia-se nos princípios da mecânica quântica para garantir a segurança das chaves criptográficas.

Computação quântica: Na computação quântica, o emaranhamento é aproveitado para criar portas quânticas e qubits, as unidades básicas da informação quântica. Os qubits emaranhados permitem o processamento paralelo e capacidades computacionais únicas.

2.1.5 Ressonância Quântica:

A ressonância quântica é um conceito relacionado com as interações entre sistemas quânticos, em que determinadas condições conduzem à sincronização ou ao comportamento ressonante de estados quânticos. Este fenómeno de ressonância é semelhante à ressonância clássica, mas ocorre ao nível quântico, envolvendo a sobreposição quântica e oscilações coerentes. Aqui está uma exploração da ressonância quântica e das suas implicações:

Superposição Quântica e Coerência:

Superposição: Os sistemas quânticos podem existir em múltiplos estados simultaneamente, o que é conhecido como sobreposição. As partículas, como os electrões ou os fotões, podem existir numa sobreposição de diferentes níveis de energia ou estados de spin.

Coerência: A coerência refere-se à manutenção das relações de fase entre os estados quânticos. Quando os sistemas quânticos exibem coerência, as fases relativas dos estados sobrepostos são preservadas ao longo do tempo.

Ressonância em sistemas quânticos:

Condição de ressonância: Nos sistemas clássicos, a ressonância ocorre quando as forças externas coincidem com a frequência natural de um sistema. Nos sistemas quânticos, a ressonância pode ser entendida como uma sincronização ou correspondência de estados quânticos sob condições específicas.

Correspondência de energia: A ressonância quântica envolve frequentemente a correspondência de níveis de energia entre estados quânticos em interação. Quando as condições energéticas são satisfeitas, pode ocorrer interferência construtiva, aumentando a probabilidade de determinados resultados.

Ressonância Quântica na Mecânica Quântica:

Dualidade onda-partícula: Os sistemas quânticos exibem tanto propriedades de partícula como de onda. A natureza ondulatória é descrita por estados quânticos e o fenómeno de ressonância pode manifestar-se quando os estados sobrepostos apresentam um comportamento oscilatório.

Oscilador harmónico quântico: O oscilador harmónico quântico, um modelo fundamental da mecânica quântica, apresenta um comportamento ressonante quando sujeito a forças ou interações externas. A resposta do sistema é quantizada e a ressonância ocorre em níveis de energia específicos.

Coerência quântica e computação quântica:

Portas Quânticas: Na computação quântica, a ressonância quântica é crucial para a implementação de portas quânticas. Estas portas manipulam os estados quânticos dos qubits, as unidades básicas da informação quântica, e os algoritmos quânticos tiram partido das interações do tipo ressonância para efetuar cálculos.

Emaranhamento quântico: A ressonância quântica pode estar relacionada com o emaranhamento de estados quânticos. As partículas emaranhadas podem exibir comportamentos correlacionados que ressoam umas com as outras, levando a efeitos não-locais e sincronizados.

Aplicações em tecnologias quânticas:

Deteção quântica: A ressonância quântica é explorada em sensores quânticos, tais como magnetómetros atómicos ou relógios atómicos. Medições precisas de tempo e frequência dependem da ressonância de estados quânticos em sistemas atómicos ou moleculares.

Metrologia Quântica: A ressonância quântica aumenta a precisão das medições na metrologia quântica, onde as propriedades quânticas são aproveitadas para obter padrões mais exactos para quantidades como o tempo, o comprimento ou os campos magnéticos.

A compreensão e o aproveitamento destes efeitos quânticos são cruciais para o desenvolvimento de nanosensores avançados. Engenheiros e cientistas tiram partido destes fenómenos para conceber sensores com uma sensibilidade sem precedentes, permitindo a deteção de quantidades minúsculas de substâncias e abrindo caminho a inovações no diagnóstico médico, na monitorização ambiental e muito mais. A exploração dos efeitos quânticos à nanoescala não só revela o potencial dos nanosensores, como também enriquece a nossa compreensão da fascinante interação entre a mecânica quântica e a tecnologia de sensores.

2.2 Nanomateriais

O papel dos nanomateriais na construção de sensores é fundamental, uma vez que conferem aos nanosensores propriedades e funcionalidades únicas que transcendem as dos sensores convencionais. A investigação das caraterísticas de materiais avançados, como os nanotubos de carbono, o grafeno e os pontos quânticos, revela os papéis diversos e transformadores que desempenham na modelação do panorama da tecnologia de sensores.

2.2.1 Nanotubos de carbono (CNTs)

Condutividade excecional: Os CNT são conhecidos pela sua excecional condutividade eléctrica, permitindo um transporte eficiente de cargas. Esta propriedade torna-os ideais para a construção de sensores que dependem de alterações na condutividade eléctrica para detetar analitos.

Elevado rácio de aspeto: O elevado rácio de aspeto dos CNTs proporciona uma grande área de superfície para interação com moléculas alvo, aumentando a sensibilidade. Esta caraterística é explorada em sensores de gás, biossensores e outras aplicações em que as interações de superfície são cruciais.

Resistência mecânica: Os CNT possuem uma resistência mecânica notável, permitindo a construção de nanosensores robustos e duradouros. A sua integridade estrutural torna-os adequados para vários ambientes de deteção.

2.2.2 Grafeno

Alta área de superfície: O grafeno, uma única camada de átomos de carbono dispostos numa estrutura hexagonal, oferece uma área de superfície expansiva. Esta propriedade aumenta a sensibilidade do material às interações superficiais, tornando-o inestimável em sensores de gás, biossensores e monitorização ambiental. *Condutividade excecional:* Tal como os CNT, o grafeno apresenta uma condutividade eléctrica excecional. Esta caraterística é aproveitada em sensores electrónicos e electroquímicos, onde as alterações na condutividade significam a presença de analitos.

Flexibilidade e transparência: A flexibilidade e a transparência do grafeno contribuem para a sua versatilidade na conceção de sensores. Os sensores flexíveis e transparentes encontram aplicações em dispositivos portáteis e eletrónica flexível.

2.2.3 Pontos Quânticos:

Propriedades ópticas dependentes do tamanho: Os pontos quânticos (QDs) são nanocristais semicondutores com propriedades ópticas dependentes do tamanho. As suas caraterísticas de fluorescência alteram-se com o tamanho, permitindo uma sintonização precisa dos comprimentos de onda de emissão. Esta caraterística é explorada em sensores ópticos e na bioimagem.

Elevado rendimento quântico: Os QDs apresentam um rendimento quântico elevado, o que significa que emitem luz de forma eficiente após a excitação. Esta propriedade aumenta a sensibilidade dos sensores que utilizam métodos de deteção baseados na fluorescência.

Deteção Multiplexada: A capacidade dos pontos quânticos para emitir luz em diferentes comprimentos de onda permite a deteção multiplexada de vários analitos em simultâneo, uma caraterística valiosa na biossensorização e no diagnóstico médico.

2.2.4 Papel nos nanocompósitos

Propriedades sinérgicas: A combinação de vários nanomateriais em nanocompósitos tira partido das suas propriedades sinérgicas. Os materiais híbridos, como os compósitos de óxido de grafeno/nanotubos de carbono, oferecem um melhor desempenho dos sensores, combinando os pontos fortes dos componentes individuais.

Propriedades personalizadas: Os nanocompósitos podem ser projectados para exibir propriedades personalizadas, permitindo a personalização com base em requisitos específicos de deteção. Esta adaptabilidade é crucial para responder a diversas aplicações de deteção.

A investigação do papel destes nanomateriais avançados na construção de sensores realça o seu impacto coletivo no aumento da sensibilidade, da seletividade e do desempenho global do sensor. À medida que os investigadores continuam a explorar novos materiais e técnicas de fabrico, o potencial de inovação na conceção de nanossensores permanece vasto, prometendo avanços contínuos em vários campos de aplicação.

Capítulo 3: Princípios de funcionamento dos nanosensores

3.1 Mecanismos de transdução

Os mecanismos de transdução utilizados pelos nanosensores são fundamentais para a sua capacidade de converter sinais físicos ou químicos em respostas mensuráveis. Estes mecanismos tiram partido das propriedades únicas dos nanomateriais e exploram os princípios da física e da química para detetar e quantificar analitos. A análise destes mecanismos de transdução fornece informações sobre as diversas abordagens que os nanossensores utilizam para traduzir estímulos externos em sinais acionáveis.

3.1.1 Transdução eléctrica

Alterações de resistência: Os nanosensores utilizam frequentemente alterações na resistência eléctrica como mecanismo de transdução. Por exemplo, nos nanosensores do tipo resistivo, as interações com analitos-alvo provocam alterações na condutividade eléctrica dos nanomateriais, como os nanotubos de carbono ou o grafeno, levando a alterações mensuráveis na resistência.

Transístores de efeito de campo (FET): Os nanomateriais semicondutores, como os nanofios ou o grafeno, podem ser integrados em nanosensores baseados em FET. A ligação de analitos induz alterações no campo elétrico, influenciando a condutância do nanomaterial e fornecendo um sinal elétrico quantificável.

3.1.2 Transdução ótica

Alterações de fluorescência: Os pontos quânticos e outros fluoróforos são utilizados em nanosensores que dependem da transdução ótica. A interação com moléculas alvo provoca alterações nas propriedades de fluorescência destes nanomateriais, permitindo uma deteção sensível em aplicações como a biossensorização e a bioimagem.

Ressonância Plasmónica de Superfície (SPR): As nanopartículas metálicas, frequentemente de ouro ou prata, exibem SPR quando expostas a comprimentos de onda de luz específicos. As alterações no índice de refração local devido à ligação do analito conduzem a mudanças mensuráveis na SPR, oferecendo um método de deteção ótica sem rótulo.

3.1.3 Transdução Piezoeléctrica

Alterações de massa: Os nanossensores baseados na transdução piezoeléctrica aproveitam o princípio de que as alterações na massa resultam em alterações da frequência de vibração. Os nanomateriais funcionalizados, como os nanofios ou os nanocantilevers, sofrem alterações na frequência de ressonância ao ligarem-se a analitos, fornecendo um sinal mensurável.

3.1.4 Transdução magnética

Ressonância magnética: As nanopartículas magnéticas são utilizadas em nanosensores que funcionam segundo os princípios da transdução magnética. As alterações nas propriedades magnéticas, como os tempos de relaxamento, ocorrem após a interação com as substâncias a analisar. A deteção é conseguida através de técnicas como a imagem por ressonância magnética ou sensores magnéticos.

3.1.5 Transdução térmica

H mudanças de calor: Alguns nanosensores exploram mecanismos de transdução térmica, em que a ligação de analitos induz alterações na libertação ou absorção de calor. Os nanomateriais termicamente sensíveis permitem a medição destas alterações, facilitando a deteção de interações específicas.

3.1.6 Transdução acústica

Ondas acústicas de superfície (SAW): Os nanosensores que utilizam mecanismos de transdução SAW baseiam-se na alteração das propriedades das ondas acústicas devido à ligação de analitos. As alterações na velocidade ou amplitude das ondas podem ser medidas para detetar e quantificar analitos.

A análise destes mecanismos de transdução sublinha a versatilidade dos nanosensores, permitindo abordagens personalizadas com base nos requisitos específicos de uma determinada aplicação. A integração de nanomateriais e a exploração das suas propriedades únicas permitem que os nanosensores forneçam respostas sensíveis, rápidas e selectivas em diversos cenários de deteção.

3.2 Modalidades de deteção

As modalidades de deteção em nanosensores abrangem um vasto espetro, incorporando várias abordagens que tiram partido das propriedades únicas dos nanomateriais. Cada modalidade é adaptada a aplicações específicas, proporcionando uma caixa de ferramentas versátil para a deteção e quantificação de diversos analitos. Vamos explorar três modalidades-chave de deteção: nanosensores ópticos, eléctricos e biológicos.

3.2.1 Nanosensores ópticos

Princípio: Os nanosensores ópticos exploram as alterações das propriedades ópticas dos nanomateriais para detetar substâncias a analisar. Isto inclui alterações na absorção, emissão ou dispersão da luz após interação com moléculas alvo.

Exemplos: Os pontos quânticos, as nanopartículas plasmónicas e os nanomateriais fluorescentes são normalmente utilizados em nanosensores ópticos.

Aplicações: Biossensorização, bioimagem, monitorização ambiental e deteção de substâncias químicas.

3.2.2 Nanosensores eléctricos

Princípio: Os nanosensores eléctricos baseiam-se em alterações das propriedades eléctricas, como a resistência ou a condutividade, induzidas pela ligação de substâncias a analisar. Estas alterações são mensuráveis e fornecem uma leitura quantitativa.

Exemplos: Os nanotubos de carbono, o grafeno e os nanofios semicondutores são frequentemente utilizados em nanossensores eléctricos.

Aplicações: Deteção de gases, biossensores, dispositivos electrónicos para o nariz e deteção de biomoléculas.

3.2.3 Nanosensores biológicos

Princípio: Os nanosensores biológicos incorporam biomoléculas ou receptores biológicos que sofrem interações específicas com analitos-alvo. Estas interações resultam em sinais detectáveis, frequentemente através de alterações nas propriedades eléctricas ou ópticas.

Exemplos: Enzimas, anticorpos e aptâmeros de ADN podem ser utilizados em nanosensores biológicos.

Aplicações: Diagnóstico médico, deteção de proteínas específicas ou sequências de ADN e monitorização de processos biológicos.

3.2.4 Nanosensores piezoeléctricos

Princípio: Os nanosensores piezoeléctricos funcionam com base em alterações na massa que conduzem a alterações na frequência vibracional. A ligação de analitos induz mudanças mensuráveis na ressonância.

Exemplos: Os nanomateriais piezoeléctricos, como os nanofios ou os nanocantilevers, são normalmente utilizados.

Aplicações: Deteção de massa, monitorização de reacções químicas e deteção de biomoléculas.

3.2.5 Nanosensores magnéticos

Princípio: Os nanosensores magnéticos exploram as alterações das propriedades magnéticas, como os tempos de relaxamento ou a ressonância magnética, induzidas pela presença de analitos.

Exemplos: As nanopartículas magnéticas, especialmente as que possuem propriedades superparamagnéticas, são utilizadas em nanosensores magnéticos.

Aplicações: Agentes de contraste para imagiologia por ressonância magnética (MRI), deteção de nanopartículas magnéticas em amostras biológicas.

3.2.6 Nanosensores acústicos

Princípio: Os nanosensores acústicos utilizam alterações nas propriedades das ondas acústicas, como a velocidade ou a amplitude, resultantes da ligação de analitos.

Exemplos: Dispositivos de ondas acústicas de superfície (SAW), que são frequentemente funcionalizados com nanomateriais.

Aplicações: Deteção de gases, biossensores e deteção de espécies químicas.

A integração destas modalidades de deteção permite o desenvolvimento de nanosensores multifuncionais que podem ser adaptados a aplicações específicas. A sinergia dos nanosensores ópticos, eléctricos e biológicos contribui para a versatilidade e adaptabilidade da nanotecnologia na resposta a desafios complexos de deteção em vários domínios.

Capítulo 4: Nanosensores nos cuidados de saúde

4.1 Nanosensores de diagnóstico

Os nanosensores de diagnóstico desempenham um papel transformador no avanço da deteção precoce de doenças e contribuem para o paradigma da medicina personalizada. Estes dispositivos à escala nanométrica tiram partido das propriedades únicas dos nanomateriais e de modalidades de deteção sofisticadas para permitir a deteção altamente sensível e específica de biomarcadores associados a várias doenças. Aqui, exploramos os contributos multifacetados dos nanosensores nos domínios do diagnóstico precoce e da medicina personalizada.

4.1.1 Deteção precoce de doenças

Sensibilidade e especificidade: Os nanossensores, com as suas elevadas relações superfície/volume e propriedades electrónicas ou ópticas únicas, oferecem uma maior sensibilidade e especificidade na deteção de quantidades mínimas de biomarcadores específicos de doenças. Esta capacidade é crucial para identificar doenças nas suas fases iniciais, quando os métodos convencionais podem ser insuficientes.

Perfil de biomarcadores: Os nanosensores de diagnóstico permitem a deteção simultânea de múltiplos biomarcadores, possibilitando um perfil abrangente de assinaturas de doenças. Esta abordagem multifacetada aumenta a precisão e a fiabilidade dos resultados de diagnóstico.

Técnicas minimamente invasivas: Os nanosensores facilitam o desenvolvimento de técnicas de diagnóstico minimamente invasivas, como as abordagens de biópsia líquida. Estes métodos não-invasivos ou minimamente invasivos oferecem uma alternativa mais fácil para os doentes do que os procedimentos de diagnóstico tradicionais.

4.1.2 Diagnóstico e monitorização do cancro

Deteção precoce do cancro: Os nanosensores contribuem significativamente para a deteção precoce do cancro, identificando biomarcadores específicos associados a doenças malignas. Esta intervenção precoce melhora os resultados do tratamento e reduz o impacto da doença.

Monitorização em tempo real: No tratamento personalizado do cancro, os nanosensores permitem a monitorização em tempo real das respostas ao tratamento. Isto permite aos médicos adaptar as terapias com base nas alterações dinâmicas observadas a nível molecular, optimizando os planos de tratamento específicos dos doentes.

Biópsias líquidas: Os nanossensores são essenciais para o desenvolvimento de biópsias líquidas, que envolvem a análise de células tumorais circulantes, ADN e exossomas em fluidos corporais. Esta abordagem proporciona um meio menos invasivo de deteção e monitorização do cancro.

4.1.3 Deteção de doenças infecciosas

Deteção rápida: Os nanosensores permitem a deteção rápida e sensível de agentes patogénicos, incluindo vírus e bactérias. Esta capacidade é crucial para intervenções atempadas em cenários de doenças infecciosas, impedindo a propagação de infecções.

Testes no local de tratamento: A portabilidade e a resposta rápida de certos nanosensores tornam-nos adequados para testes no local de prestação de cuidados. Esta abordagem descentralizada é particularmente valiosa em ambientes com recursos limitados, onde o acesso a infra-estruturas de diagnóstico sofisticadas pode ser limitado.

4.1.4 Medicina personalizada

Planos de tratamento personalizados: Os nanosensores contribuem para o conceito de medicina personalizada, fornecendo informações a nível molecular sobre o perfil de doença de um indivíduo. Esta informação orienta os médicos na adaptação dos planos de tratamento com base nas caraterísticas únicas de cada doente.

Sistemas de administração de medicamentos: Os nanossensores são integrados em sistemas de administração de medicamentos para assegurar a libertação orientada e controlada de agentes terapêuticos. Esta precisão minimiza os efeitos secundários e aumenta a eficácia dos tratamentos.

Monitorização das respostas ao tratamento: Ao monitorizar continuamente as alterações moleculares em resposta ao tratamento, os nanosensores ajudam a avaliar a eficácia das intervenções terapêuticas. Este ciclo de feedback permite ajustar as estratégias de tratamento em tempo real.

Em conclusão, os nanosensores de diagnóstico representam uma fronteira inovadora nos cuidados de saúde, oferecendo capacidades sem precedentes para a deteção precoce de doenças e a medicina personalizada. A sua integração nas práticas clínicas é imensamente promissora para melhorar os resultados dos doentes, reduzir os encargos com os cuidados de saúde e dar início a uma nova era de intervenções médicas precisas e adaptadas.

4.2 Administração e monitorização de medicamentos

Os nanosensores desempenham um papel crucial no avanço da administração de medicamentos e na monitorização terapêutica, introduzindo precisão e eficiência no domínio da medicina. As suas propriedades e capacidades únicas permitem a administração direcionada de agentes terapêuticos a células ou tecidos específicos, minimizando os efeitos secundários e aumentando a eficácia do tratamento. Simultaneamente, os nanosensores facilitam a monitorização em tempo real das respostas terapêuticas, permitindo aos médicos ajustar os planos de tratamento com base nas necessidades individuais dos doentes. Vamos analisar a forma como os nanosensores contribuem para a administração de medicamentos específicos e a monitorização terapêutica:

4.2.1 Administração de medicamentos direcionados

Entrega específica no local: Os nanossensores são integrados em sistemas de administração de fármacos para atingir um objetivo específico. As nanopartículas funcionalizadas, como lipossomas, micelas ou dendrímeros, podem ser concebidas para transportar cargas terapêuticas e atravessar barreiras biológicas para atingir células ou tecidos específicos.

Biodisponibilidade melhorada: Os nanossensores melhoram a biodisponibilidade dos medicamentos, protegendo-os da degradação, aumentando a solubilidade e promovendo a libertação controlada. Isto conduz a uma libertação mais sustentada e eficaz dos agentes terapêuticos.

Orientação ativa: Os nanossensores podem visar ativamente células ou tecidos doentes, incorporando ligandos ou anticorpos nas suas superfícies. Esta estratégia de orientação ativa aumenta a especificidade da administração de medicamentos e reduz o impacto nos tecidos saudáveis.

Minimização dos efeitos secundários: Ao concentrar os agentes terapêuticos no local alvo, os nanosensores minimizam a exposição sistémica e reduzem os efeitos secundários associados aos métodos convencionais de administração de medicamentos. Isto é particularmente crucial na quimioterapia e noutros tratamentos com potenciais efeitos fora do alvo.

4.2.2 Monitorização terapêutica

Monitorização de biomarcadores em tempo real: Os nanosensores permitem a monitorização em tempo real de biomarcadores associados à progressão da doença ou à resposta ao tratamento. Esta avaliação contínua fornece informações valiosas sobre a eficácia das intervenções terapêuticas.

Ajuste dinâmico do tratamento: A capacidade de monitorizar as alterações moleculares em tempo real permite aos médicos ajustar dinamicamente os planos de tratamento. Esta abordagem personalizada garante que os doentes recebem os regimes terapêuticos mais eficazes e adaptados com base nas suas respostas individuais.

Deteção precoce da resistência aos tratamentos: Os nanossensores contribuem para a deteção precoce da resistência ao tratamento, identificando alterações nos perfis moleculares indicativos de estados de doença em evolução. Esta monitorização proactiva permite ajustes atempados para evitar o fracasso do tratamento.

Ciclo de feedback contínuo: A integração de nanosensores no processo de monitorização terapêutica cria um ciclo de feedback contínuo entre os médicos e os doentes. Esta interação dinâmica facilita intervenções e ajustes atempados, optimizando os resultados dos doentes.

4.2.3 Imagiologia e diagnóstico

Nanosistemas multifuncionais: Os nanossensores desempenham frequentemente um papel duplo como agentes de imagiologia e transportadores de medicamentos. Esta abordagem multifuncional permite o diagnóstico imagiológico simultâneo e a administração de medicamentos específicos, contribuindo para uma compreensão mais abrangente da progressão da doença.

Terapia guiada por imagem: Os nanossensores melhoram a terapia guiada por imagem, fornecendo feedback de imagem em tempo real durante a administração do medicamento. Isto assegura uma navegação e distribuição precisas dos agentes terapêuticos no corpo.

Deteção precoce de doenças: Os nanossensores contribuem para a deteção precoce de doenças através da deteção de biomarcadores específicos indicativos do início da doença. Esta intervenção precoce pode conduzir a opções de tratamento mais eficazes e menos invasivas.

Em resumo, os nanosensores representam uma mudança de paradigma na administração de medicamentos e na monitorização terapêutica, inaugurando uma era de medicina personalizada e precisa. A sua integração na prática clínica é promissora para melhorar os resultados dos tratamentos, reduzir os efeitos secundários e aumentar a nossa capacidade de adaptar as terapias com base nas necessidades individuais dos doentes.

Capítulo 5: Aplicações ambientais dos nanosensores

5.1 Monitorização da qualidade do ar e da água

Os nanossensores surgiram como ferramentas poderosas para a monitorização ambiental em tempo real, particularmente na avaliação da qualidade do ar e da água. As suas propriedades únicas, como a elevada sensibilidade, o tamanho reduzido e a capacidade de detetar concentrações vestigiais de poluentes, tornam-nos adequados para aplicações na deteção ambiental. Vamos investigar como os nanosensores contribuem para a monitorização da qualidade do ar e da água:

5.1.1 Monitorização da qualidade do ar

Deteção de poluentes: Os nanosensores podem detetar vários poluentes atmosféricos, incluindo partículas (PM), compostos orgânicos voláteis (VOC) e gases como o dióxido de azoto (NO2) e o dióxido de enxofre (SO2). A elevada sensibilidade dos nanosensores permite a deteção destes poluentes a baixas concentrações.

Monitorização em tempo real: Os nanosensores fornecem dados em tempo real sobre a qualidade do ar, permitindo a monitorização contínua dos níveis de poluentes. Esta capacidade é crucial para identificar prontamente eventos de poluição e implementar intervenções atempadas.

Portátil e implantável: As pequenas dimensões e a portabilidade dos nanosensores tornam-nos adequados para serem instalados em diversos ambientes, incluindo áreas urbanas, instalações industriais e até dispositivos portáteis. Esta flexibilidade facilita uma cobertura alargada e uma monitorização direcionada para áreas de preocupação.

Integração com IoT: Os nanosensores podem ser integrados em plataformas da Internet das Coisas (IoT), criando uma rede de dispositivos ligados para uma monitorização abrangente da qualidade do ar. Esta integração melhora a recolha, partilha e análise de dados para uma compreensão mais holística dos padrões de qualidade do ar.

5.1.2 Monitorização da qualidade da água

Deteção de contaminantes: Os nanossensores desempenham um papel crucial na deteção de contaminantes transportados pela água, tais como metais pesados, pesticidas e agentes patogénicos. Podem identificar níveis vestigiais de poluentes, fornecendo indicações precoces de potenciais problemas de qualidade da água.

Monitorização em tempo real: Os nanosensores permitem a monitorização em tempo real dos parâmetros de qualidade da água, permitindo respostas imediatas a alterações nos níveis de poluentes. Esta capacidade é essencial para garantir a segurança da água potável e dos ecossistemas aquáticos.

Deteção remota: Os nanosensores podem ser utilizados para a deteção remota em massas de água, incluindo lagos, rios e oceanos. Esta monitorização remota aumenta a capacidade de cobrir grandes áreas e avaliar a qualidade da água em ambientes difíceis ou inacessíveis.

Sistemas de alerta precoce: Os nanosensores contribuem para o desenvolvimento de sistemas de alerta precoce para a qualidade da água. Ao detectarem poluentes em fases iniciais, estes sistemas ajudam a prevenir eventos de contaminação e a proteger os recursos hídricos.

5.1.3 Monitorização da qualidade do ar interior

Deteção de COV: Os nanosensores são eficazes na deteção de poluentes do ar interior, especialmente compostos orgânicos voláteis (COV) emitidos por produtos domésticos, materiais de construção e aparelhos. A monitorização contínua garante um ambiente interior seguro.

Saúde dos ocupantes: Os nanosensores contribuem para avaliar o impacto da qualidade do ar interior na saúde dos ocupantes, monitorizando as partículas, os níveis de dióxido de carbono e outros poluentes. Esta informação é valiosa para a implementação de medidas para melhorar a qualidade do ar interior.

Edifícios inteligentes: A integração de nanosensores em sistemas de edifícios inteligentes permite ajustes automáticos com base em dados de qualidade do ar em tempo real. Isto pode incluir o controlo da ventilação, a purificação do ar e a gestão eficiente da energia.

Os nanosensores, com as suas capacidades avançadas, são fundamentais para resolver as complexidades da monitorização ambiental. À medida que a tecnologia continua a avançar, é provável que os nanosensores desempenhem um papel cada vez mais significativo na proteção da qualidade do ar e da água, contribuindo para ambientes de vida sustentáveis e saudáveis.

5.2 Deteção de substâncias perigosas

A contribuição dos nanossensores para a deteção de substâncias perigosas é fundamental para a identificação e gestão dos poluentes ambientais. Os nanossensores oferecem vantagens únicas, incluindo uma elevada sensibilidade, uma resposta rápida e a capacidade de detetar concentrações vestigiais de poluentes. A sua aplicação na monitorização ambiental ajuda na identificação precoce de substâncias perigosas, permitindo estratégias de gestão eficazes. Vejamos como os nanosensores contribuem para este aspeto crucial da proteção ambiental:

5.2.1 Deteção de poluentes químicos

Alta sensibilidade: Os nanosensores demonstram uma sensibilidade excecional, permitindo a deteção de poluentes químicos em concentrações extremamente baixas. Isto é crucial para identificar contaminantes no ar, na água e no solo que possam representar riscos para os ecossistemas e para a saúde humana.

Deteção de múltiplos analitos: Muitos nanosensores são concebidos para detetar várias substâncias a analisar simultaneamente. Esta capacidade é vantajosa para uma monitorização ambiental abrangente, uma vez que permite a identificação de várias substâncias perigosas presentes no ambiente.

Monitorização em tempo real: Os nanosensores permitem a monitorização em tempo real de poluentes químicos, oferecendo uma visão atempada dos eventos de poluição. Esta capacidade é essencial para implementar intervenções rápidas e minimizar o potencial impacto no ambiente.

5.2.2 Monitorização de metais pesados

Deteção selectiva: Os nanosensores podem ser concebidos para detetar seletivamente metais pesados específicos, como o chumbo, o mercúrio e o cádmio. Esta seletividade assegura a identificação exacta de poluentes individuais em amostras ambientais complexas.

Deteção remota: Os nanosensores facilitam a deteção remota da contaminação por metais pesados em massas de água. A sua utilização em ambientes aquáticos permite uma monitorização abrangente, mesmo em áreas de difícil acesso.

Prevenção da bioacumulação: Ao detetar níveis vestigiais de metais pesados, os nanosensores contribuem para prevenir a bioacumulação destes contaminantes nos ecossistemas. Isto é crucial para proteger a vida aquática e manter o equilíbrio ecológico.

5.2.3 Monitorização das partículas em suspensão no ar

Deteção do tamanho das partículas: Os nanosensores são excelentes na deteção de partículas transportadas pelo ar, incluindo partículas finas e ultrafinas. Esta capacidade é vital para avaliar a qualidade do ar e compreender os potenciais riscos para a saúde associados a diferentes tamanhos de partículas.

Monitorização da qualidade do ar urbano: Os nanossensores são utilizados em áreas urbanas para monitorizar a qualidade do ar, especialmente em regiões com elevados níveis de emissões veiculares e actividades industriais. Esta monitorização ajuda a implementar medidas para mitigar o impacto da poluição atmosférica na saúde pública.

5.2.4 Deteção de contaminantes biológicos e microbianos

Identificação de agentes patogénicos: Os nanosensores contribuem para a identificação de contaminantes biológicos, incluindo bactérias e vírus, em fontes de água. Isto é crucial para garantir a segurança da água potável e prevenir a propagação de doenças transmitidas pela água.

Monitorização da segurança alimentar: No sector agrícola, os nanosensores ajudam a monitorizar o solo e a água para detetar contaminantes que possam afetar a segurança alimentar. A deteção precoce de contaminantes microbianos ajuda a evitar a contaminação de culturas e produtos alimentares.

5.2.5 Redes de deteção ambiental

Integração com a IoT: Os nanossensores são integrados em redes de deteção ambiental, criando sistemas interligados que fornecem dados abrangentes sobre os níveis de poluentes. Esta integração aumenta a capacidade de monitorizar grandes áreas geográficas e avaliar as tendências de poluição ao longo do tempo.

Tomada de decisões com base em dados: Os dados recolhidos pelos nanosensores contribuem para a tomada de decisões informadas em matéria de gestão ambiental. As autoridades e as partes interessadas podem utilizar esta informação para desenvolver estratégias eficazes de controlo da poluição e de remediação.

Em resumo, os nanosensores desempenham um papel crucial na deteção e gestão de substâncias perigosas no ambiente. As suas capacidades avançadas contribuem para a identificação precoce, a monitorização em tempo real e a tomada de decisões com base em dados, contribuindo, em última análise, para a proteção dos ecossistemas e do bem-estar humano.

Capítulo 6: Nanosensores em eletrónica e IoT

6.1 Dispositivos inteligentes e vestíveis

A integração de nanosensores na eletrónica de consumo e nas tecnologias vestíveis transformou o panorama dos dispositivos inteligentes, oferecendo funcionalidades melhoradas e experiências personalizadas. Os nanosensores, com o seu tamanho miniaturizado e capacidades de deteção avançadas, contribuem para o desenvolvimento de dispositivos inteligentes, reactivos e centrados no utilizador. Vamos discutir os principais aspectos da forma como os nanosensores são integrados em produtos electrónicos de consumo e vestíveis:

6.1.1 Monitorização da saúde e da condição física

Medições biométricas: Os nanossensores incorporados em dispositivos portáteis, como smartwatches e rastreadores de fitness, permitem a monitorização em tempo real de parâmetros biométricos. Estes incluem o ritmo cardíaco, a pressão sanguínea, a temperatura corporal e até os níveis de glicose no sangue, fornecendo aos utilizadores informações sobre a sua saúde e condição física. Com a integração de tecnologias avançadas, incluindo nanosensores, as medições biométricas tornaram-se mais precisas, seguras e versáteis. Aqui está uma exploração das principais medições biométricas e do papel dos nanosensores no aumento da sua precisão e aplicabilidade:

Reconhecimento facial: O reconhecimento facial analisa caraterísticas faciais únicas, como a disposição dos olhos, nariz e boca, para verificação da identidade. Os nanossensores podem melhorar os sistemas de reconhecimento facial fornecendo informações mais pormenorizadas, como expressões faciais subtis ou padrões de pele, melhorando a precisão e a robustez.

Reconhecimento de impressões digitais: O reconhecimento de impressões digitais baseia-se nos padrões únicos de sulcos e vales nas pontas dos dedos de uma pessoa. Os nanosensores podem contribuir para os sistemas de reconhecimento de impressões digitais fornecendo dados de alta resolução, permitindo um mapeamento mais preciso dos pormenores das impressões digitais e reduzindo o risco de falsificação.

Reconhecimento da íris: O reconhecimento da íris analisa os padrões únicos na parte colorida do olho (íris) para verificação da identidade. Os nanossensores podem melhorar os sistemas de reconhecimento da íris, captando pormenores mais finos dos padrões da íris, melhorando a precisão e tornando a tecnologia mais resistente a tentativas de falsificação de identidade.

Reconhecimento de voz: O reconhecimento vocal analisa as caraterísticas únicas da voz de um indivíduo, incluindo o tom, a tonalidade e os padrões de discurso. Embora não estejam diretamente relacionados com os nanosensores, os avanços nas tecnologias de sensores podem contribuir para o desenvolvimento de microfones e sensores acústicos mais sensíveis, melhorando a precisão dos sistemas de reconhecimento de voz.

Biometria comportamental: A biometria comportamental analisa padrões comportamentais únicos, como o ritmo da digitação, a marcha ou a dinâmica da assinatura. Os nanosensores podem contribuir para o desenvolvimento de dispositivos mais compactos e sensíveis para a captação de dados biométricos comportamentais, garantindo medições precisas e fiáveis.

Frequência cardíaca e ECG: As medições da frequência cardíaca e do eletrocardiograma (ECG) fornecem informações sobre a saúde cardiovascular de um indivíduo. Os nanossensores podem ser integrados em dispositivos portáteis para captar dados de frequência cardíaca e ECG com elevada precisão, permitindo uma monitorização contínua para aplicações de saúde e fitness.

ADN e biometria genética: A biometria genética analisa o ADN de um indivíduo em busca de marcadores genéticos únicos. Os nanossensores podem contribuir para as tecnologias de sequenciação de ADN, permitindo uma análise mais eficiente e exacta dos dados genéticos para identificação biométrica e cuidados de saúde personalizados.

Autenticação biométrica em dispositivos vestíveis: Os dispositivos portáteis podem incorporar métodos de autenticação biométrica, como a impressão digital ou o reconhecimento do ritmo cardíaco. Os nanossensores integrados nos wearables aumentam a precisão e a fiabilidade das medições biométricas, permitindo uma autenticação segura e sem falhas para os utilizadores.

Interfaces cérebro-computador (BCIs): As BCIs analisam a atividade cerebral para aplicações que vão desde o neurofeedback à identificação biométrica. Os nanossensores podem contribuir para o desenvolvimento de sensores mais sensíveis e miniaturizados para BCIs, melhorando a precisão das medições da atividade cerebral.

A integração de nanosensores em sistemas de medição biométrica aumenta as capacidades destas tecnologias, fornecendo detalhes mais precisos, melhorando a exatidão e permitindo aplicações mais versáteis. À medida que a nanotecnologia continua a avançar, espera-se que o potencial para soluções biométricas inovadoras e seguras em vários domínios, incluindo a segurança, os cuidados de saúde e os dispositivos pessoais, aumente.

6.1.2 Seguimento de actividades: Os acelerómetros e giroscópios, muitas vezes baseados em tecnologias de nanosensores, facilitam o acompanhamento preciso das actividades físicas. Estes sensores detectam os movimentos, permitindo que os wearables monitorizem os passos dados, as distâncias percorridas e a intensidade dos exercícios.

6.1.3 Monitorização do sono: Os nanossensores contribuem para as funcionalidades de monitorização do sono em dispositivos portáteis, medindo os padrões de sono e fornecendo dados sobre a duração, qualidade e perturbações do sono. Esta informação ajuda os utilizadores a optimizarem as suas rotinas de sono.

6.2 Deteção ambiental

6.2.1 Monitorização da qualidade do ar: Os nanossensores integrados nos wearables permitem que os utilizadores monitorizem a qualidade do ar à sua volta. Estes sensores detectam poluentes e alergénios, fornecendo dados em tempo real para ajudar os utilizadores a tomar decisões informadas sobre o seu ambiente.

6.2.2 Deteção da radiação UV: Os vestíveis equipados com nanosensores podem medir a exposição à radiação UV. Esta funcionalidade é valiosa para os utilizadores que pretendem gerir a sua exposição ao sol e proteger a sua pele de potenciais danos.

6.2.3 Deteção de temperatura e humidade: Os nanossensores contribuem para a capacidade dos wearables de medir a temperatura ambiente e os níveis de humidade. Esta informação é benéfica para os utilizadores interessados em manter as condições ideais no seu ambiente.

6.3 Reconhecimento de gestos e interação com o utilizador

6.3.1 Sensores de movimento miniaturizados: Os nanossensores desempenham um papel crucial no reconhecimento de gestos e no controlo de movimentos em dispositivos inteligentes. Os acelerómetros e giroscópios baseados na nanotecnologia permitem que os utilizadores interajam com os dispositivos através de gestos, melhorando a experiência geral do utilizador.

6.3.2 Feedback háptico: Os nanossensores contribuem para os sistemas de feedback háptico nos wearables, proporcionando aos utilizadores sensações tácteis e vibrações.

Esta caraterística aumenta a participação do utilizador ao fornecer feedback em tempo real em resposta a interações ou notificações.

6.4 Eficiência energética e miniaturização

6.4.1 Baixo consumo de energia: Os nanosensores são concebidos para funcionar com um baixo consumo de energia, contribuindo para a eficiência energética dos dispositivos portáteis. Isto garante uma vida útil prolongada da bateria, um fator crítico para a praticidade e conveniência dos dispositivos portáteis.

6.4.2 Miniaturização: O tamanho reduzido dos nanosensores permite a miniaturização dos dispositivos portáteis. Isto é essencial para criar dispositivos portáteis elegantes, leves e discretos que os utilizadores possam incorporar confortavelmente na sua vida quotidiana.

6.5 Aplicações biomédicas

6.5.1 Monitorização da glucose: Os nanossensores integrados em dispositivos portáteis oferecem uma monitorização contínua da glucose para pessoas com diabetes. Estes sensores podem fornecer níveis de glucose em tempo real, permitindo uma melhor gestão da doença.

6.5.2 Monitorização do estado de saúde: Os nanosensores podem ser utilizados para monitorizar condições de saúde específicas, como a deteção de biomarcadores indicativos de determinadas doenças. Isto contribui para o diagnóstico precoce e a gestão personalizada da saúde.

6.6 Tecidos e têxteis inteligentes

6.6.1 Sensores flexíveis: Os nanosensores integrados em tecidos e têxteis inteligentes permitem a criação de peças de vestuário com capacidades de deteção incorporadas. Estes tecidos podem monitorizar os movimentos do corpo, a postura e até os sinais vitais.

6.6.2 Lavável e durável: A integração de nanosensores em têxteis inteligentes foi concebida para resistir à lavagem e manter a durabilidade. Isto garante a longevidade das capacidades de deteção sem comprometer o conforto ou a usabilidade.

A integração de nanosensores em produtos electrónicos de consumo e em dispositivos portáteis exemplifica a convergência de tecnologias avançadas de deteção com dispositivos do quotidiano. Esta tendência não só melhora a funcionalidade destes dispositivos, como também permite que os utilizadores assumam um papel mais ativo na gestão da sua saúde, do seu bem-estar e do ambiente que os rodeia.

6.7 Internet das coisas (IoT)

A Internet das Coisas (IoT) deu início a uma nova era de conetividade, em que os objectos do quotidiano passam a fazer parte de uma rede inteligente e interligada. No centro desta revolução tecnológica estão os nanosensores, que desempenham um papel fundamental na recolha, transmissão e processamento de dados em tempo real. Os nanosensores contribuem para a criação de sistemas inteligentes e reactivos no ecossistema IoT, melhorando a eficiência, a automação e as experiências dos utilizadores. Vamos analisar os principais aspectos de como os nanosensores desempenham um papel fundamental na IoT:

6.7.1 Deteção e recolha de dados

Miniaturização: Os nanossensores, devido ao seu tamanho reduzido, podem ser integrados sem problemas em vários objectos e ambientes. Esta miniaturização permite uma implantação discreta em objectos do quotidiano, desde aparelhos domésticos a maquinaria industrial.

Diversas capacidades de deteção: Os nanossensores são concebidos para detetar uma vasta gama de parâmetros, incluindo temperatura, humidade, pressão, concentrações de gás, entre outros. Esta capacidade de deteção diversificada permite-lhes recolher dados abrangentes relevantes para aplicações específicas.

Aquisição de dados em tempo real: Os nanosensores funcionam com elevada sensibilidade e velocidade, permitindo a aquisição de dados em tempo real. Este fluxo de dados instantâneo é crucial para a tomada de decisões atempada e a capacidade de resposta imediata nos sistemas IoT.

6.7.2 Conectividade e comunicação

Comunicação sem fios: Os nanossensores estão frequentemente equipados com capacidades de comunicação sem fios, como Bluetooth, Wi-Fi ou protocolos de comunicação de baixo consumo, como o Zigbee. Isto permite uma conetividade e transmissão de dados sem descontinuidades nas redes IoT.

Computação de ponta: Os nanosensores podem processar dados localmente através de computação de ponta, reduzindo a necessidade de comunicação constante com servidores centralizados. Esta capacidade de processamento de ponta aumenta a eficiência dos sistemas IoT, minimizando a latência e os requisitos de largura de banda.

Redes em malha: Os nanossensores podem formar redes em malha, permitindo-lhes comunicar entre si e retransmitir dados através de uma rede. Este modelo de comunicação distribuída aumenta a fiabilidade e a escalabilidade das implementações da IoT.

6.7.3 Eficiência energética

Baixo consumo de energia: Os nanossensores são concebidos para funcionar com baixo consumo de energia, crucial para dispositivos IoT eficientes em termos energéticos. Esta caraterística prolonga a vida útil da bateria nos dispositivos, minimizando a necessidade de substituições ou recargas frequentes.

Captação de energia: Alguns nanosensores podem aproveitar a energia do seu ambiente, como a luz ambiente ou as vibrações. Esta capacidade de captação de energia contribui para a sustentabilidade dos dispositivos IoT, reduzindo a dependência de fontes de energia externas.

6.7.4 Versatilidade e integração

Adaptabilidade: Os nanosensores são versáteis e podem ser adaptados a várias aplicações em todos os sectores. Quer sejam integrados em dispositivos domésticos inteligentes, equipamento industrial ou sistemas de saúde, os nanossensores contribuem para a adaptabilidade e versatilidade das soluções IoT.

Integração com a infraestrutura existente: Os nanosensores podem ser perfeitamente integrados na infraestrutura existente, permitindo que as organizações readaptem as suas operações com capacidades de loT. Essa integração facilita a transição para sistemas inteligentes e conectados sem revisões significativas.

6.7.5 Precisão e automatização

Deteção de precisão: Os nanosensores proporcionam uma elevada precisão na recolha de dados, permitindo uma monitorização e controlo precisos dos processos. Esta precisão é particularmente valiosa em aplicações como o fabrico, os cuidados de saúde e a monitorização ambiental.

Automatização: Os dados em tempo real gerados pelos nanosensores facilitam a tomada de decisões e o controlo automatizados nos sistemas IoT. A automatização melhora a eficiência, reduz a intervenção humana e melhora a capacidade de resposta global do sistema.

6.7.6 Segurança e privacidade

Transmissão segura de dados: Os nanosensores contribuem para a segurança da transmissão de dados nas redes IoT. A implementação de protocolos de encriptação e de comunicação segura garante a confidencialidade e a integridade dos dados recolhidos pelos nanosensores.

Considerações sobre privacidade: Os nanosensores podem ser concebidos tendo em conta a privacidade, incorporando caraterísticas como a anonimização dos dados ou o processamento local para minimizar a exposição de informações sensíveis.

Os nanossensores, com as suas capacidades avançadas de deteção e caraterísticas de conetividade, constituem a espinha dorsal dos sistemas IoT. À medida que o ecossistema IoT continua a expandir-se, os nanosensores desempenharão um papel cada vez mais vital na criação de ambientes inteligentes, adaptáveis e interligados em várias indústrias e aspectos da vida quotidiana.

Capítulo 7: Desafios e perspectivas futuras

7.1 Desafios tecnológicos

Embora os nanosensores ofereçam um imenso potencial para várias aplicações, o seu desenvolvimento enfrenta certos desafios tecnológicos que têm de ser resolvidos para garantir um desempenho ótimo. Três desafios críticos no desenvolvimento de nanosensores são a sensibilidade, a seletividade e a reprodutibilidade. Aqui está uma exploração destes desafios e das potenciais estratégias para os ultrapassar:

7.1.1 Sensibilidade

Desafio: Conseguir uma sensibilidade elevada é crucial para que os nanosensores detectem com precisão concentrações baixas de analitos alvo. Uma sensibilidade insuficiente pode limitar o alcance da deteção e comprometer a capacidade do sensor para captar alterações subtis no ambiente.

Estratégias:

Otimização de materiais: A escolha ou engenharia de nanomateriais com propriedades de deteção melhoradas, tais como maior área de superfície ou melhores caraterísticas de transferência de carga, pode aumentar a sensibilidade.

Amplificação do sinal: A utilização de técnicas de amplificação de sinal, como a utilização de nanopartículas ou moléculas amplificadoras, pode aumentar a resposta do sensor para melhorar a sensibilidade. *Métodos de deteção avançados:* A integração de métodos de deteção avançados, como a espetroscopia Raman com reforço de superfície (SERS) ou a plasmónica, pode melhorar a sensibilidade fornecendo sinais mais detalhados e amplificados.

7.1.2 Seletividade

Desafio: Os nanossensores devem responder seletivamente a analitos específicos sem a interferência de outras substâncias presentes no ambiente. A falta de seletividade pode levar a falsos positivos ou a leituras imprecisas.

Estratégias:

Funcionalização: A funcionalização de nanomateriais com receptores específicos, tais como anticorpos, aptâmeros ou polímeros com impressão molecular, aumenta a seletividade ao promover interações específicas do alvo.

Matrizes de multisensores: A implementação de matrizes de nanosensores com diferentes selectividades pode criar uma resposta baseada em padrões, melhorando a seletividade global e a capacidade de discriminar entre diferentes analitos.

Integração de elementos de reconhecimento: A incorporação de elementos de reconhecimento avançados e de estruturas molecularmente adaptadas pode aumentar a seletividade do sensor, assegurando uma elevada afinidade para a substância a analisar.

7.1.3 Reprodutibilidade

Desafio: A reprodutibilidade é vital para a fiabilidade e a aplicabilidade prática dos nanosensores. As inconsistências no desempenho dos sensores entre diferentes lotes ou processos de fabrico podem impedir a sua adoção generalizada.

Estratégias:

Protocolos de fabrico normalizados: O estabelecimento de protocolos normalizados para o fabrico de nanossensores garante a consistência entre diferentes lotes e processos de fabrico.

Medidas de controlo de qualidade: A implementação de medidas rigorosas de controlo de qualidade durante o fabrico, incluindo o controlo preciso de parâmetros e testes de validação, pode aumentar a reprodutibilidade.

Calibração: A calibração regular dos nanosensores em relação a padrões conhecidos ajuda a compensar as variações e garante um desempenho consistente ao longo do tempo.

A resposta a estes desafios exige esforços interdisciplinares que envolvem a ciência dos materiais, a química, a engenharia e a nanotecnologia. As colaborações entre investigadores, profissionais da indústria e decisores políticos podem promover inovações no desenvolvimento de nanosensores e acelerar a tradução destas tecnologias em soluções práticas. À medida que a investigação continua a avançar, a superação destes desafios contribuirá para a adoção generalizada de nanosensores em diversos domínios, desde os cuidados de saúde e a monitorização ambiental até às aplicações industriais.

7.2 Considerações éticas

O desenvolvimento e a utilização da tecnologia de nanosensores suscitam considerações éticas que merecem uma análise cuidadosa. As principais áreas de preocupação incluem a privacidade, a segurança dos dados e a utilização responsável destes dispositivos avançados de deteção. A análise destas implicações éticas é crucial para garantir que os nanosensores são utilizados de uma forma que respeita os direitos dos indivíduos e está em conformidade com as normas éticas. Aqui está uma exploração das considerações éticas que envolvem a tecnologia de nanosensores:

7.2.1 Preocupações com a privacidade

Recolha de dados: Os nanosensores podem recolher informações altamente pormenorizadas e, por vezes, sensíveis, o que suscita preocupações quanto à privacidade dos indivíduos. Em aplicações como a monitorização da saúde ou a deteção ambiental, os dados gerados pelos nanosensores podem revelar hábitos pessoais, condições médicas ou escolhas de estilo de vida.

Monitorização invasiva: Os nanosensores integrados em tecidos inteligentes, vestíveis ou dispositivos implantáveis podem levar a uma monitorização contínua e potencialmente invasiva. A vigilância constante levanta questões sobre as fronteiras entre os espaços públicos e privados e a autonomia dos indivíduos para controlar os seus dados pessoais.

Consentimento e tomada de decisão informada: A utilização ética de nanosensores exige a obtenção de consentimento informado dos indivíduos monitorizados. É essencial garantir que os indivíduos estejam cientes dos dados que estão a ser recolhidos, dos objectivos da monitorização e dos seus direitos de controlo e acesso aos seus dados.

7.2.2 Segurança dos dados

Vulnerabilidade à pirataria informática: Tal como acontece com qualquer tecnologia ligada, os nanosensores são vulneráveis à pirataria informática e ao acesso não autorizado. As violações da segurança dos dados podem levar à exposição de informações sensíveis, resultando potencialmente em roubo de identidade, chantagem ou utilização indevida de dados pessoais.

Armazenamento e transmissão de dados: É fundamental garantir o armazenamento e a transmissão seguros dos dados gerados pelos nanosensores. A natureza descentralizada das redes IoT, onde os nanosensores funcionam frequentemente, requer protocolos de encriptação robustos e medidas de proteção contra ameaças cibernéticas. *Propriedade e controlo:* As considerações éticas estendem-se à determinação de quem detém e controla os dados gerados pelos nanosensores. O estabelecimento de mecanismos claros de propriedade e controlo é vital para evitar o acesso não autorizado e garantir que os indivíduos têm autoridade sobre os seus dados.

7.2.3 Utilização responsável

Preconceito e discriminação: Os nanosensores podem contribuir inadvertidamente para o preconceito e a discriminação se não forem concebidos e utilizados com sensibilidade para populações diversas. Por exemplo, os nanosensores relacionados com a saúde podem apresentar variações nas respostas com base em factores demográficos, conduzindo potencialmente a um tratamento desigual.

Vigilância e dinâmica de poder: A utilização generalizada de nanosensores para fins de vigilância suscita preocupações quanto a desequilíbrios de poder. Os governos, as empresas ou as entidades com acesso a extensas redes de sensores podem exercer um poder desproporcionado, afectando as liberdades individuais e os princípios democráticos.

Tomada de decisões informada: Garantir que os indivíduos estão bem informados sobre as capacidades e potenciais implicações dos nanosensores é uma consideração ética fundamental. A utilização ética exige transparência, sensibilização do público e uma ênfase na educação dos utilizadores sobre a tecnologia e as suas implicações.

7.2.4 Impacto ambiental

Considerações sobre o fim da vida útil: A produção e a eliminação de nanosensores podem ter implicações ambientais. A gestão responsável do ciclo de vida, incluindo a reciclagem e a eliminação segura, é essencial para minimizar a pegada ambiental destas tecnologias. *Extração de recursos:* Os materiais utilizados nos nanosensores podem envolver processos de extração de recursos com consequências ambientais e sociais. As considerações éticas incluem a exploração de práticas de abastecimento sustentáveis e a minimização do impacto ambiental da produção de nanomateriais.

A navegação por estas considerações éticas exige a colaboração entre cientistas, engenheiros, decisores políticos, especialistas em ética e o público. Estabelecer diretrizes éticas claras, quadros regulamentares sólidos e diálogos contínuos sobre a utilização responsável da tecnologia de nanosensores pode ajudar a garantir que estas inovações contribuem positivamente para a sociedade, respeitando os direitos e valores individuais.

7.3 Tendências futuras

O domínio da investigação e desenvolvimento de nanossensores é dinâmico e espera-se que vários avanços potenciais e tendências emergentes moldem o futuro desta tecnologia. Embora seja difícil prever o futuro com certeza, a investigação em curso e as tendências tecnológicas fornecem indicações sobre potenciais direcções para o desenvolvimento de nanosensores. Eis algumas especulações sobre as tendências futuras da investigação e desenvolvimento de nanossensores:

7.3.1 Nanosensores multimodais

Integração de múltiplas modalidades de deteção: É provável que os futuros nanosensores incorporem múltiplas modalidades de deteção, permitindo-lhes detetar e analisar vários parâmetros simultaneamente. Esta integração aumenta a versatilidade e expande a gama de aplicações, desde o diagnóstico de cuidados de saúde à monitorização ambiental.

Fusão de dados abrangente: Os nanossensores podem utilizar técnicas avançadas de fusão de dados para combinar informações de diferentes modalidades, proporcionando uma compreensão mais abrangente do ambiente monitorizado. Isto poderá conduzir a conhecimentos mais exactos e matizados.

7.3.2 Materiais inteligentes e nanocompósitos

Materiais reactivos e adaptáveis: Os nanossensores podem incorporar materiais inteligentes e nanocompósitos que respondem dinamicamente a alterações no ambiente. Esta adaptabilidade pode melhorar o desempenho do sensor e alargar a sua aplicabilidade em ambientes dinâmicos e complexos.

Nanomateriais auto-regeneráveis: O desenvolvimento de nanomateriais auto-regeneráveis pode melhorar a durabilidade e a longevidade dos nanosensores. Esta inovação poderá ser particularmente benéfica em aplicações em que os sensores são expostos a condições adversas ou a tensões mecânicas.

7.3.3 Deteção quântica

Tecnologias de deteção quântica: Os avanços nas tecnologias de deteção quântica podem levar ao desenvolvimento de nanosensores que aproveitam os princípios quânticos para uma sensibilidade e precisão sem precedentes. Os sensores quânticos poderão revolucionar as aplicações em domínios como a imagiologia, a navegação e a investigação fundamental.

Deteção baseada no emaranhamento: A exploração do potencial das técnicas de deteção baseadas no emaranhamento à nanoescala poderá permitir o desenvolvimento de nanosensores altamente sensíveis e seguros para aplicações de comunicação e de computação quântica.

7.3.4 *Colheita de energia e nanosensores sustentáveis*

Integração da captação de energia: Os nanosensores podem incorporar cada vez mais tecnologias de captação de energia para se tornarem mais sustentáveis e reduzirem a dependência de fontes de energia externas. A recolha de energia do ambiente circundante, como as vibrações ou a luz ambiente, pode prolongar o tempo de vida útil dos nanosensores.

Nanotecnologia verde: O desenvolvimento de nanomateriais e de processos de fabrico respeitadores do ambiente pode alinhar-se com a ênfase crescente em práticas sustentáveis. Os princípios da nanotecnologia verde poderão influenciar a conceção e a produção de futuros nanosensores.

7.3.5 *Nanosensores biocompatíveis e implantáveis*

Avanços na biocompatibilidade: Os futuros nanosensores destinados a aplicações médicas podem dar prioridade a uma maior biocompatibilidade para minimizar as respostas imunitárias e facilitar a implantação a longo prazo. Isto é particularmente relevante para aplicações como a monitorização contínua da saúde e a administração de medicamentos.

Nanosensores implantáveis para monitorização de doenças: O desenvolvimento de nanosensores implantáveis capazes de monitorizar biomarcadores em tempo real poderá revolucionar a medicina personalizada. Estes sensores podem fornecer informações valiosas sobre a progressão da doença e a eficácia do tratamento.

7.3.6 *Integração da aprendizagem automática*

Análise avançada de dados: Os nanossensores são susceptíveis de beneficiar da integração de algoritmos de aprendizagem automática para a análise avançada de dados. A aprendizagem automática pode ajudar a interpretar padrões complexos de dados de sensores, melhorando a precisão e permitindo a tomada de decisões em tempo real.

Processamento no dispositivo: Os nanosensores podem incorporar capacidades de processamento no dispositivo, permitindo-lhes analisar os dados localmente antes da transmissão. Esta abordagem aumenta a eficiência, reduz a latência e resolve os problemas de privacidade associados à transmissão de dados sensíveis.

7.3.7 Nanosensores para exploração espacial

Nanosensores compatíveis com o espaço: À medida que os esforços de exploração espacial prosseguem, os nanosensores concebidos para ambientes extraterrestres podem registar avanços significativos. Estes sensores poderão desempenhar um papel crucial na exploração planetária, na monitorização ambiental em naves espaciais e na procura de sinais de vida para além da Terra.

7.3.8 Quadros regulamentares e normalização

Diretrizes éticas e regulamentares: Com a crescente adoção de nanosensores em várias indústrias, poderá haver uma maior ênfase no desenvolvimento de orientações éticas e de quadros regulamentares. Os esforços de normalização podem aumentar a interoperabilidade, a segurança e a confiança do público nas tecnologias de nanosensores.

7.3.9 Envolvimento do público e considerações éticas

Desenvolvimento inclusivo: As tendências futuras podem implicar uma abordagem mais inclusiva e participativa do desenvolvimento de nanossensores, envolvendo o envolvimento do público e abordando as preocupações da sociedade. As considerações éticas, a privacidade e os potenciais impactos sociais podem tornar-se aspectos integrantes da investigação e implantação de nanossensores.

Embora estas especulações forneçam informações sobre potenciais tendências futuras, a trajetória real do desenvolvimento de nanossensores dependerá da convergência de descobertas científicas, inovações tecnológicas e necessidades sociais. As colaborações interdisciplinares em curso e a concentração na investigação e desenvolvimento responsáveis desempenharão um papel crucial na definição do futuro da tecnologia dos nanosensores.

Referências

Abdel-Karim, R., Reda, Y., & Abdel-Fattah, A. (2020). Revisão - Nanosensores baseados em materiais nanoestruturados. *Journal of The Electrochemical Society, 167(3),* 037554. https://doi.org/10.1149/1945-7111/ab67aa

Cass, T. (2012). Nanosensores: Physical, Chemical, and Biological. *Physics Today, 65*(3), 5556. https://doi.org/10.1063/pt3.1480

Deng, J., Zhao, S., Liu, Y., Liu, C., & Sun, J. (2021, 17 de maio). Nanosensores para diagnóstico de doenças infecciosas. *ACS Applied Bio Materials.* Sociedade Americana de Química. https://doi.org/10.1021/acsabm.0c01247

Javaid, M., Haleem, A., Singh, R. P., Rab, S., & Suman, R. (2021, 1 de janeiro). Explorando o potencial dos nanosensores: Uma breve visão geral. *Sensores Internacionais.* KeAi Communications Co. https://doi.org/10.1016/_j.sintl.2021.100130

Lay-Ekuakille, A., Massaro, A., Singh, S. P., Jablonski, I., Rahman, M. Z. U., & Spano, F. (2021, 1 de junho). Sistemas de deteção optoeletrônica e nanosensores: Uma revisão. *Jornal de Sensores IEEE.* Instituto de Engenheiros Elétricos e Eletrônicos Inc. https://doi.org/10.1109/JSEN.2021.3055750

Li, Z., & Sheng, C. (2014, janeiro). Nanosensores para segurança alimentar. *Journal of Nanoscience and Nanotechnology.* https://doi.org/10.1166/jnn.2014.8743

Lim, T. C., & Ramakrishna, S. (2006). Uma revisão concetual dos nanosensores *Zeitschrift Fur Naturforschung - Section A Journal of Physical Sciences, 61*(7-8), 402 412. https://doi.org/10.1515/zna-2006-7-815

Munawar, A., Ong, Y., Schirhagl, R., Tahir, M. A., Khan, W. S., & Bajwa, S. Z. (2019) Nanosensores para diagnóstico com transdutores ópticos, elétricos e mecânicos. *RSC Advances.* Sociedade Real de Química. https://doi.org/10.1039/c8ra10144b

Munonde, T. S., & Nomngongo, P. N. (2021, 1 de janeiro). Nanocompósitos para sensores eletroquímicos e suas aplicações na deteção de traços de metais em amostras ambientais de água. *Sensores (Suíça)*. MDPIAG .
https://doi.org/10.3390/s21010131

Patolsky, F., & Lieber, C. M. (2005). Nanowire nanosensors. *Materials Today, S*(4), 20-28. https://doi .org/10.1016/S1369-7021(05)00791-1

Srivastava, A. K., Dev, A., & Karmakar, S. (2018, 1 de março). Nanosensores e nanobiosensores em alimentos e agricultura. *Cartas de Química Ambiental*. Springer Verlag. https://doi .org/10.1007/s10311-017-0674-7

Swierczewska, M., Liu, G., Lee, S., & Chen, X. (2012). Nanosensores de alta sensibilidade para deteção de biomarcadores. *Chemical Society Reviews, 41(7),* 2641-2655.
https://doi.org/10.1039/c1cs15238f

Vikesland, P. J. (2018). Nanosensores para monitorização da qualidade da água. *Nature Nanotechnology, 13*(8), 651-660. https://doi.org/10.1038/s41565-018-0209-9

Zhu, L., Chen, L., Gu, J., Ma, H., & Wu, H. (2022, 1 de fevereiro). Nanomateriais à base de carbono para agricultura sustentável: Sua aplicação como conversores de luz, nanossensores e ferramentas de entrega. *Plantas*. MDPI.
https://doi.org/10.3390/plants11040511

MIX
Papier aus verantwortungsvollen Quellen
Paper from responsible sources
FSC® C105338

Printed by Books on Demand GmbH, Norderstedt / Germany